走 进 恐 龙 世 界

食草类恐龙

方芳 编著

U0186590

黑龙江美术出版社

前 言

　　在地球的发展过程中,有一些生物令人充满好奇。其中,恐龙是最让小朋友们感兴趣的物种之一,它们曾经统治地球长达上亿年。恐龙在三叠纪末期开始出现,此后进入白垩纪。这时候地球发生了很大变化,不仅陆地、海洋发生巨变,气温也变得温暖干燥,植物开始出现并逐渐繁盛……恐龙从此称霸陆地,它们的家族越来越庞大:有聪明的伤齿龙,也有笨笨的剑龙;有温驯的梁龙,也有凶猛的霸王龙……而同时,天空和海洋也呈现出一派热闹纷繁的场景:各种翼龙类翱翔天空,鱼龙和蛇颈龙类则栖息在水中……

　　本书采用科学的编排体例,将人类已认知的恐龙全面而客观地展现给读者,内容广泛,图文并茂,让孩子在阅读过程中充分了解恐龙的生活习性以及当时的地理环境,为孩子们还原一个丰富多彩的恐龙世界,让小读者们感受远古时代的生命气息。

　　现在,就让我们一起穿越时空去那个充满庞然大物的史前世界,共同体验和恐龙同行的惊险与刺激吧!

目 录

黑丘龙

jù xíng zhí shí xìng kǒng lóng
巨型植食性恐龙

zhè zhǒng shēng huó zài sān dié jì wǎn qī
这种生活在三叠纪晚期
de kǒng lóng shì yì zhǒng zhí shí xìng kǒng lóng
的恐龙是一种植食性恐龙，
yě jiào méi lán lóng huò měi lán lóng
也叫梅兰龙或美兰龙。

靠庞大的身躯抵御袭击

黑丘龙是一种原蜥脚类恐龙，头小，尾长，拥有巨大的身体与健壮的四肢。黑丘龙的脊椎中空，可以减轻身体的重量，它能够以庞大的身躯抵御肉食性恐龙的袭击。

板龙

平直的蜥蜴

它是已知最大的三叠纪恐龙，学名叫"平直的蜥蜴"，体长6~8米，身高3.6米，体重5吨左右。据考古研究，它是生活在地球上食植物的第一种巨型恐龙。

习性

平时板龙以四脚行走，有时会两脚站立，用拇指指爪钩下树上的小树枝进食，吃下的树叶会在胃部被小石子儿磨碎。它们喜欢群体活动，也会共同抵御外敌。

芙蓉龙

背上有帆状物

芙蓉龙是生存于三叠纪早期的一种槽齿类爬行动物，身长3米，外形像鳄鱼，背上生有一张色彩鲜艳的帆。这张帆可能具有调节体温的作用。

无齿的植食性恐龙

芙蓉龙没有牙齿，只能通过嘴来切割食物，所以它只能以植物为食。

爱珍多龙

仅发现了牙齿与腭部的恐龙

爱珍多龙是一种生活在三叠纪晚期的恐龙，它是草食性恐龙，身体长约2米。迄今为止只挖掘出了爱珍多龙的牙齿与腭部，所以科学家们也只能推测出爱珍多龙的特征。

农神龙

身材纤细的恐龙

农神龙生存于晚三叠纪，为目前所发现最古老的恐龙之一。农神龙相当纤细，身长可能为1.5米。

种类不明

农神龙的已发现化石数量非常少，它有许多原蜥脚类特征，然而缺少与其他恐龙共有的特征。科学家们研究发现农神龙非常原始，同时具有兽脚类恐龙与蜥脚类恐龙的特征，因此很难去归类。

始鸭嘴龙

第一种鸭嘴龙类

始鸭嘴龙意为"第一种鸭嘴龙类",生存于白垩纪晚期,是存活到很晚的原始鸭嘴龙类。

始鸭嘴龙形象推想

始鸭嘴龙身长6米,嘴部前方有典型的缺乏牙齿的鸭嘴,脸颊有整排的咀嚼用的牙齿;后腿可能较前肢长,当吃地面植物或矮树时用四肢行走,也可在行走或奔跑时只使用两足。

中国鹦鹉嘴龙

有鹦鹉嘴的小型恐龙

它是生存于白垩纪早期的双足植食性恐龙，体形很小，身长仅1米左右，头短而宽，嘴部酷似鹦鹉。

生活习性

它们的牙齿呈三叶状，主要以坚硬的植物和果实为食；前肢短小，后肢长而粗壮，既可以四足行走，也可以只用后足行走。

阿根廷龙

世界上最大的陆地蜥脚类恐龙

阿根廷龙是生存于白垩纪中晚期的蜥脚类恐龙，是目前发现的最大的陆地恐龙之一。

体形巨大

阿根廷龙凭借自身巨大的体形吓退那些虎视眈眈的掠食者，因此相较于其他体形较小的恐龙，阿根廷龙的日子还是很安适的。

富蕴牙克煞龙

像头盔一样的头冠

它是生存于白垩纪晚期的植食性恐龙，其化石标本发现于中国新疆北部的富蕴县。它的外表类似冠龙，有一个像头盔一样的大型头冠，可以作为视觉辨认物或是用来吸引自己的同伴。

雷利诺龙

极地小恐龙

雷利诺龙生活在白垩纪前期的南极地区，身长2米，高0.6米，体重10千克，是恐龙家族中的小家伙。

群居筑巢

为了更好地适应南极寒冷的环境，它们一般群居生活，还会将恐龙蛋埋在树叶深处。当小恐龙破壳而出时，大恐龙会照顾它们。

迷惑龙

高耸入云的恐龙

迷惑龙生活在侏罗纪时期，身长 35 米左右，身体后半部比肩部高，但当它以后脚跟为支撑而站立起来时，可谓高耸入云。

靠石子儿消化

迷惑龙要花大量的时间来吃东西，食物从长长的食道一直滑落到胃里，在那儿，这些食物会被迷惑龙不时吞下的鹅卵石磨碎。

鲸 龙

jīng lóng shēng huó zài zhū luó jì zhōng wǎn qī
鲸龙生活在侏罗纪中晚期，
shì cháng jǐng de sì zú kǒng lóng yuē yǒu mǐ
是长颈的四足恐龙，约有18米
cháng dūn zhòng tā de jǐng bù yǔ shēn
长，24.8吨重。它的颈部与身
tǐ yí yàng cháng wěi ba xiāng duì jiào cháng
体一样长，尾巴相对较长。

骨头像海绵

这并不是说鲸龙的骨头柔软，相反它的脊骨几乎是实心的，只因其脊骨上有许多海绵状的孔洞而已。

火山齿龙

小型植食性恐龙

一般来说，植食性恐龙个头儿都很大，但是生活在侏罗纪早期的火山齿龙身长只有6.5米，是植食性恐龙中十足的小个子。

名字含义

火山齿龙是一种早期蜥脚类恐龙，发现于非洲南部。它名字的含义是"火山牙齿"。

马门溪龙

mǎ mén xī lóng shì shēng cún yú zhū luó jì wǎn
马门溪龙是生存于侏罗纪晚
qī de yì zhǒng zhí shí xìng kǒng lóng cóng tóu dǐng dào
期的一种植食性恐龙，从头顶到
wěi jiān cháng dá mǐ jǐng bù cháng dá
尾尖长达16～35米，颈部长达9
mǐ mǎ mén xī lóng shì zài zhōng guó fā xiàn de zuì
米。马门溪龙是在中国发现的最
dà de xī jiǎo lèi kǒng lóng zhī yī
大的蜥脚类恐龙之一。

安静的庞然大物

　　马门溪龙的脊椎骨上有一个比脑子大的神经球，也可称"后脑"，与小小的脑子联合起来支配全身运动。由于神经中枢分散在两处，所以马门溪龙是一个行动迟缓、安静的庞然大物。

腕　龙

陆地上较大的动物之一

腕龙长 25 米，高 15 米，重 30 吨，曾是生活在陆地上的较大的动物之一，也是生存于侏罗纪晚期的巨大植食性恐龙。

昂首挺胸的短尾巴恐龙

腕龙的身体结构像长颈鹿，有着长前肢、高举的长脖子、小脑袋和一条短粗的尾巴。腕龙性情温和，喜欢群居生活。

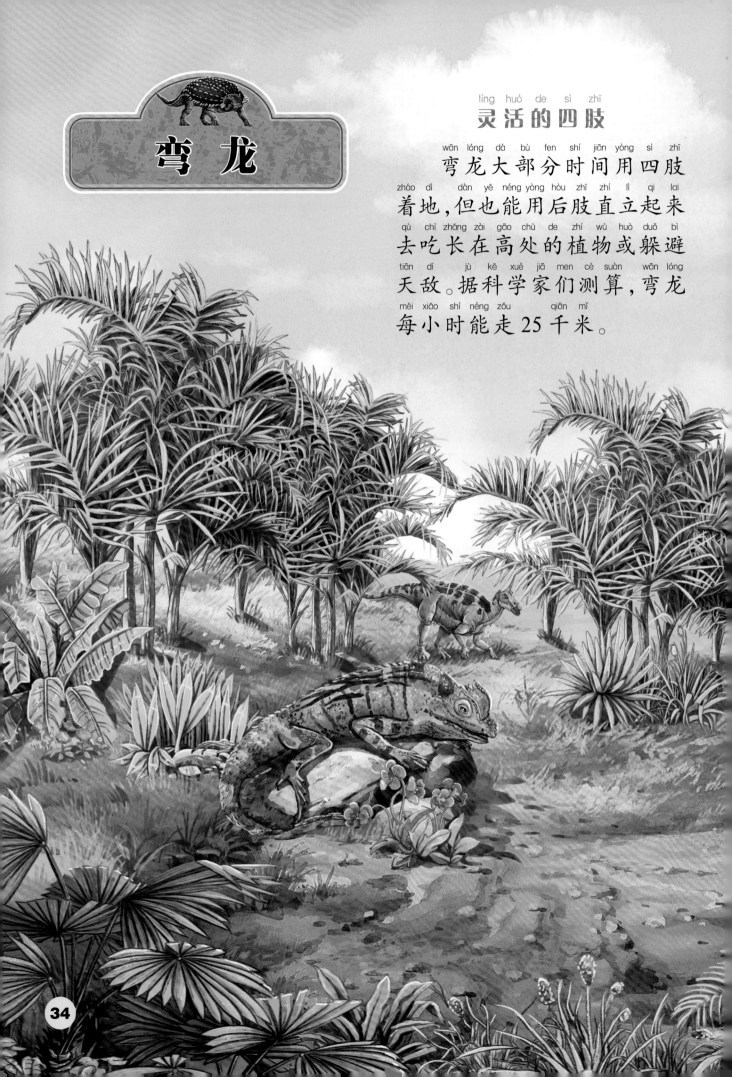

弯龙

灵活的四肢

弯龙大部分时间用四肢着地，但也能用后肢直立起来去吃长在高处的植物或躲避天敌。据科学家们测算，弯龙每小时能走25千米。

怎样吃食物

弯龙的牙齿排列紧密，牙齿的两侧、锯齿状边缘有明显的棱脊。灵动的颌部关节使颊部前后移动，上下颊齿进行研磨，从而轻松地嚼碎坚硬的植物。

橡 树 龙

<ruby>大<rt>dà</rt></ruby><ruby>眼<rt>yǎn</rt></ruby><ruby>睛<rt>jing</rt></ruby><ruby>恐<rt>kǒng</rt></ruby><ruby>龙<rt>lóng</rt></ruby>

<ruby>橡<rt>xiàng</rt></ruby><ruby>树<rt>shù</rt></ruby><ruby>龙<rt>lóng</rt></ruby><ruby>是<rt>shì</rt></ruby><ruby>生<rt>shēng</rt></ruby><ruby>活<rt>huó</rt></ruby><ruby>在<rt>zài</rt></ruby><ruby>侏<rt>zhū</rt></ruby><ruby>罗<rt>luó</rt></ruby><ruby>纪<rt>jì</rt></ruby><ruby>晚<rt>wǎn</rt></ruby><ruby>期<rt>qī</rt></ruby><ruby>的<rt>de</rt></ruby><ruby>植<rt>zhí</rt></ruby><ruby>食<rt>shí</rt></ruby><ruby>性<rt>xìng</rt></ruby><ruby>恐<rt>kǒng</rt></ruby><ruby>龙<rt>lóng</rt></ruby>,<ruby>身<rt>shēn</rt></ruby><ruby>长<rt>cháng</rt></ruby> 3.5<ruby>米<rt>mǐ</rt></ruby>,<ruby>嘴<rt>zuǐ</rt></ruby><ruby>巴<rt>ba</rt></ruby><ruby>像<rt>xiàng</rt></ruby><ruby>鸟<rt>niǎo</rt></ruby><ruby>喙<rt>huì</rt></ruby>,<ruby>没<rt>méi</rt></ruby><ruby>有<rt>yǒu</rt></ruby><ruby>牙<rt>yá</rt></ruby><ruby>齿<rt>chǐ</rt></ruby>;<ruby>眼<rt>yǎn</rt></ruby><ruby>睛<rt>jing</rt></ruby><ruby>很<rt>hěn</rt></ruby><ruby>大<rt>dà</rt></ruby>,<ruby>前<rt>qián</rt></ruby><ruby>面<rt>miàn</rt></ruby><ruby>有<rt>yǒu</rt></ruby><ruby>一<rt>yì</rt></ruby><ruby>根<rt>gēn</rt></ruby><ruby>特<rt>tè</rt></ruby><ruby>殊<rt>shū</rt></ruby><ruby>的<rt>de</rt></ruby><ruby>骨<rt>gǔ</rt></ruby><ruby>头<rt>tou</rt></ruby><ruby>以<rt>yǐ</rt></ruby><ruby>托<rt>tuō</rt></ruby><ruby>起<rt>qǐ</rt></ruby><ruby>眼<rt>yǎn</rt></ruby><ruby>球<rt>qiú</rt></ruby><ruby>和<rt>hé</rt></ruby><ruby>眼<rt>yǎn</rt></ruby><ruby>睛<rt>jing</rt></ruby><ruby>周<rt>zhōu</rt></ruby><ruby>围<rt>wéi</rt></ruby><ruby>的<rt>de</rt></ruby><ruby>皮<rt>pí</rt></ruby><ruby>肤<rt>fū</rt></ruby>。

行动迅速

橡树龙奔跑时速度很快。当遭受威胁时,它能用长长的后肢迅速奔跑并用坚硬的尾巴保持平衡。

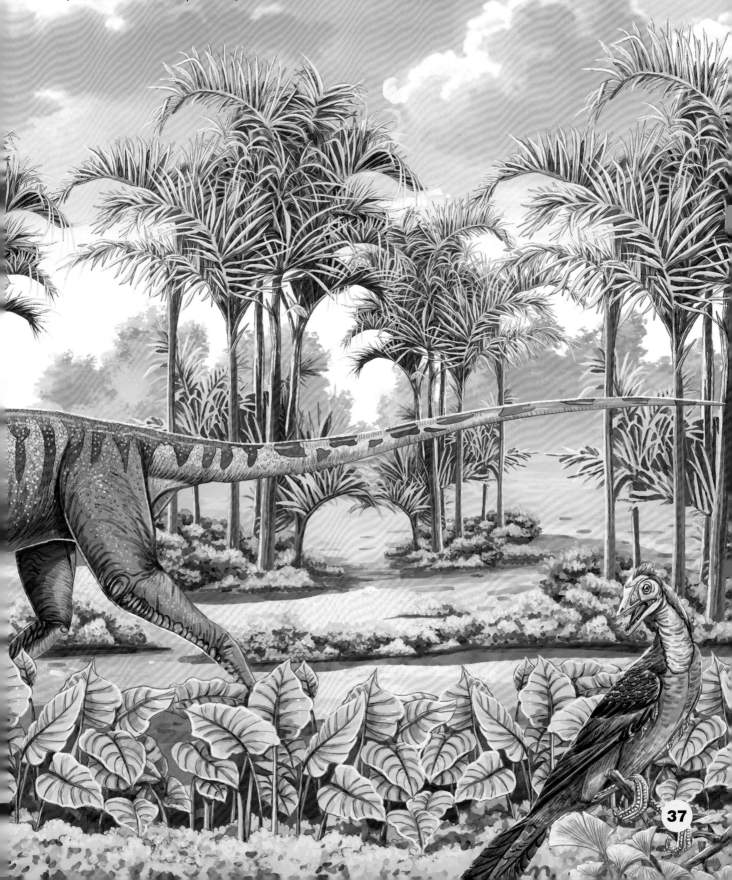

梁 龙

不灵活的脖子

梁龙是植食性恐龙,脖子不灵活,吃东西时不咀嚼,而是将树叶等食物直接吞下去。一些大型肉食性恐龙会捕食梁龙,因此梁龙边进食边用强有力的尾巴来打击敌人。

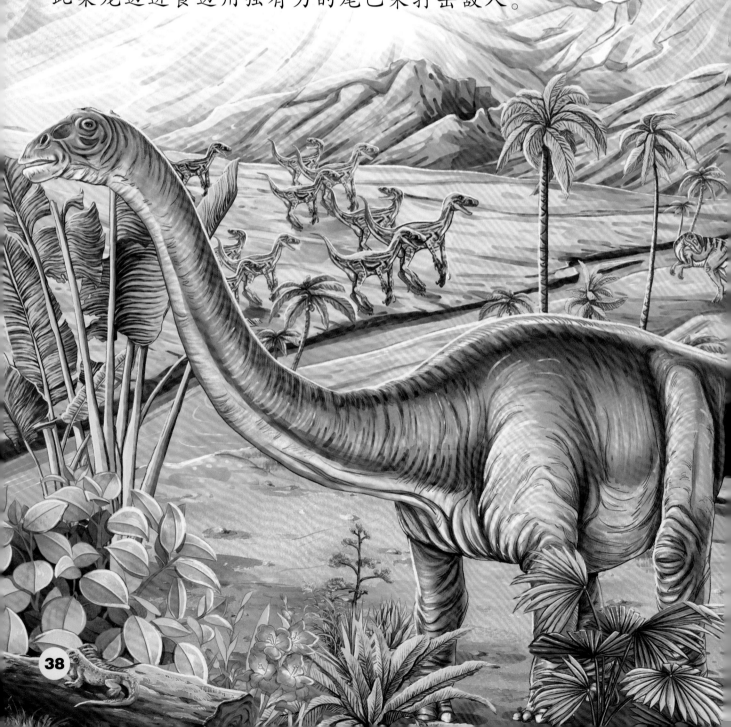

体形瘦小

梁龙的身体最长可超过30米，但由于背部骨骼较轻，使得梁龙身躯瘦小，只有十几吨重。

埃德蒙顿龙

埃德蒙顿龙与暴龙

埃德蒙顿龙与暴龙生存于同时期的相同环境里。科学家们在一个成年埃德蒙顿龙骨架上发现了其被咬过的痕迹，科学家们经过对比，认为这个伤口正是被暴龙攻击造成的。

牙齿很多

埃德蒙顿龙有数千颗牙齿，这些牙齿紧密排列，新的牙齿不断生长来替代脱落的牙齿。

潮 汐 龙

tǐ xíng jù dà
体形巨大

cháo xī lóng shì rén men fā xiàn
潮汐龙是人们发现

de zuì jù dà de kǒng lóng zhī yī
的最巨大的恐龙之一，

tǐ zhòng yǒu   dūn
体重有 60 ~ 80 吨。

42

红树林里的恐龙

科学家们在发现潮汐龙的沉积层里找到了红树林植被的化石，所以潮汐龙也是第一种被证实存活在红树林生态环境中的恐龙。

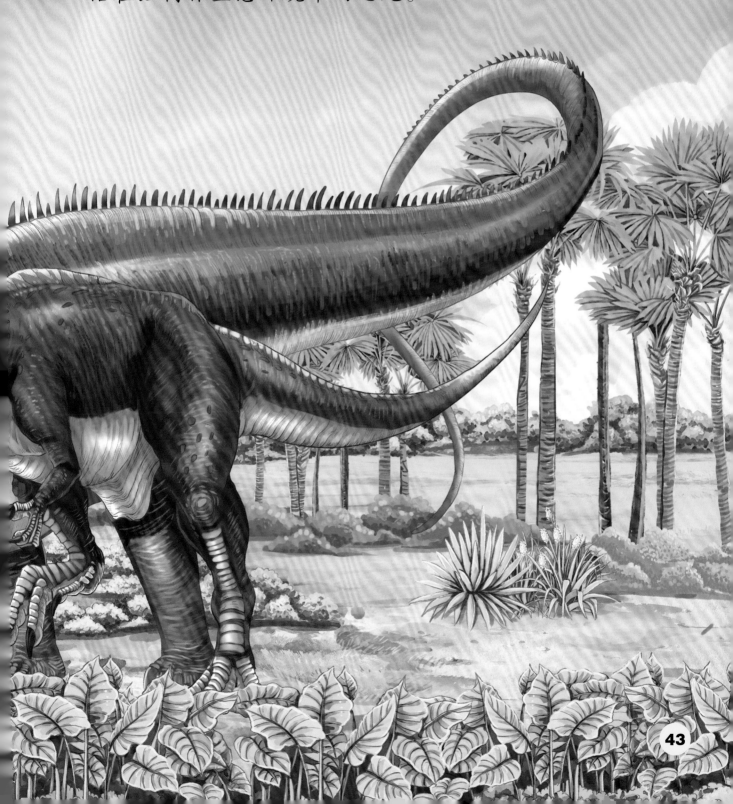

多智龙

duō zhì yì wéi nǎo bù suǒ yǐ
"多智"意为"脑部",所以
duō zhì lóng shì yǐ qí dà xíng tóu bù lái mìng míng
多智龙是以其大型头部来命名
de suī rán bú shì hěn duō zhì huì de yì
的。虽然不是"很多智慧"的意
si dàn nǎo dai dà de kǒng lóng nǎo bù kě néng
思,但脑袋大的恐龙脑部可能
yě dà yǒu kě néng zhēn de hěn cōng míng ne
也大,有可能真的很聪明呢!

体形很大

多智龙是已知最大型的亚洲甲龙类，身长8~8.5米，头颅骨长40厘米，体重约为4.5吨。

峨 眉 龙

六种峨眉龙

目前为止，科学家们共发掘六个不同的种的峨眉龙，分别为：荣县峨眉龙、长寿峨眉龙、釜溪峨眉龙、天府峨眉龙、罗泉峨眉龙和毛氏峨眉龙。

名字来源

峨眉龙生存于侏罗纪中晚期，名字来源于其发现地——中国四川的峨眉山。它们身长12～14米，高5～7米，以植物为食，喜欢群居。

47

皮萨诺龙

迷一般的小恐龙

皮萨诺龙是小型草食性恐龙，身长约1米，身高30厘米，体重约2.27～9.1千克。这些数据因皮萨诺龙的化石不完整而有所改变。

名字的由来

皮萨诺龙又名匹萨诺龙、皮萨龙或比辛奴龙，是两足的原始鸟臀目恐龙，生活在晚三叠纪的南美洲。其学名来自它的发现者皮萨诺。

最古老的小恐龙之一

黑水龙是已知最古老的恐龙之一,生存于三叠纪晚期,身高70～80厘米,体重约70千克。平常它是用两条后腿行走,属于草食性动物。

富塔隆柯龙

巨大的首领蜥蜴

富塔隆柯龙属泰坦巨龙类恐龙。学名意思是"巨大的首领蜥蜴"。生存年代为白垩纪晚期。

伊 森 龙

东北泰国蜥蜴

伊森龙名字的意思是"东北泰国蜥蜴",它们生活在三叠纪晚期,是最早的蜥脚类恐龙之一。伊森龙的股骨是我们人类的两倍长,四肢总是在地面上。

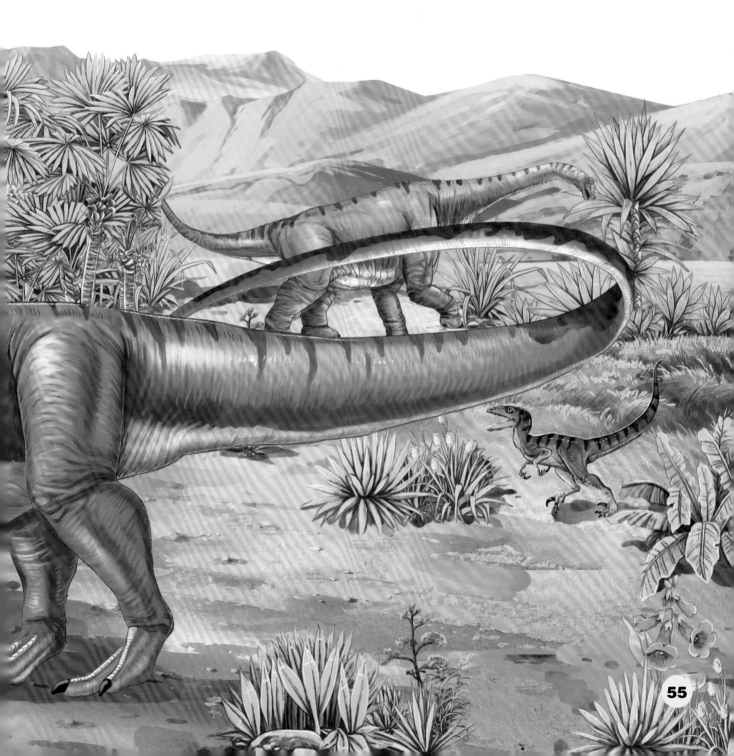

南极龙

不是南极洲的恐龙

南极龙并不是生活在南极洲的恐龙,而是生活在白垩纪时期的南美洲。它是大型的四足草食性恐龙,有着长颈及长尾巴,有可能是有鳞甲的。

无法推断大小

由于南极龙的化石并没有一个完整的骨骼，因而它的大小很难去推断。

名字的由来

南极龙的化石是在南美洲的阿根廷发现的。南极龙的名字在古希腊文中指"北方的相反"，因为它是在阿根廷被发现，而阿根廷与南极洲都有"北方的相反"的意思，所以它就叫"南极龙"。

超 龙

超龙究竟是什么龙
chāo lóng jiū jìng shì shén me lóng

关于超龙的分类一直存在分歧：有人说，超龙只是体形过大的腕龙；也有生物学专家指出，超龙属于独立的品种，一时没有定论。

超级蜥蜴
chāo jí xī yì

超龙的意思是"超级蜥蜴"，它是生存于侏罗纪时期的四足植食性恐龙，身长可达33～34米，是最长的恐龙之一。

里奥哈龙

食草大恐龙

里奥哈龙意为"里奥哈蜥蜴"，是草食性恐龙，生活在三叠纪晚期。它的身体长达10米，为了减轻身体的重量，里奥哈龙进化出中空的脊椎骨。

四肢着地很特别

三叠纪的很多恐龙都是后肢着地，里奥哈龙却很特别——四肢长短相近，走起路来四足着地，不像其他恐龙那样两条后腿支撑身体站起来走动。

冠椎龙

体型特征

冠椎龙是生活在早侏罗纪时期的大型恐龙,体长5~6米。与冠椎龙体形接近的恐龙有犹他盗龙、巴克龙、准角龙、无鼻角龙等。

图书在版编目（ＣＩＰ）数据

走进恐龙世界. 食草类恐龙 / 方芳编著. — 哈尔滨:
黑龙江美术出版社, 2021.9
ISBN 978-7-5593-7870-5

Ⅰ. ①走… Ⅱ. ①方… Ⅲ. ①恐龙－少儿读物 Ⅳ.
①Q915.864-49

中国版本图书馆CIP数据核字(2021)第165128号

ZOUJIN KONGLONG SHIJIE SHICAOLEI KONGLONG
走进恐龙世界 食草类恐龙

出 品 人：于　丹
编　　著：方　芳
责任编辑：步庆权　李　曈
责任校对：张一墨
装帧设计：华文图书
出版发行：黑龙江美术出版社
地　　址：哈尔滨市道里区安定街225号
邮政编码：150016
发行电话：(0451) 84270522
经　　销：全国新华书店
印　　刷：湖北金港彩印有限公司
开　　本：889mm×1194mm　1/16
印　　张：4
版　　次：2021年9月第1版
印　　次：2021年9月第1次印刷
书　　号：ISBN 978-7-5593-7870-5
定　　价：25.80元

如发现印装质量问题，请与印刷厂营销部联系调换。
版权所有，侵权必究